bon temps 風格生活╳美好時光

麵包大變身

三餐＋點心，還有便當和下酒菜！51個讓普通麵包再利用變好料的美味魔法

作　　　者	藤田千秋
譯　　　者	賴郁婷
主　　　編	曹　慧
美術設計	比比司設計工作室
行銷企畫	蔡緯蓉
社　　　長	郭重興
發行人兼 出版總監	曾大福
總編輯	曹　慧
編輯出版	奇光出版 E-mail: lumieres@bookrep.com.tw 部落格：http://lumieresino.pixnet.net/blog 粉絲團：https://www.facebook.com/lumierespublishing
發　　　行	遠足文化事業股份有限公司 http://www.bookrep.com.tw 23141新北市新店區民權路108-4號8樓 電話：（02）22181417 客服專線：0800-221029　傳真：（02）86671065 郵撥帳號：19504465　戶名：遠足文化事業股份有限公司
法律顧問	華洋法律事務所　蘇文生律師
印　　　製	成陽印刷股份有限公司
初版一刷	2015年9月
定　　　價	299元

NOKORI-PAN DE GOCHISOU RECIPE by Chiaki Fujita
Copyright © 2013 Chiaki Fujita
All rights reserved.
Original Japanese edition published by KAWADE SHOBO SHINSHA Ltd. Publishers
Traditional Chinese translation copyright © 2015 by Lumières Publishing, a division of Walkers Cultural Enterprises, Ltd.
This Translation Chinese edition published by arrangement with KAWADE SHOBO SHINSHA Ltd. Publishers, Tokyo,
through HonnoKizuna, Inc., Tokyo, and Future View Technology Ltd.

Photography: Naoko Matsunaga
Styling: Yuka Miyazawa
Design & Illustration: Yoko Yokota
Preparation assistant: Mariko Daishoji

國家圖書館出版品預行編目（CIP）資料

麵包大變身：三餐＋點心，還有便當和下酒菜！
51個讓普通麵包再利用變好料的美味魔法 / 藤田
千秋著；賴郁婷譯. – 初版. – 新北市：奇光出版：
遠足文化發行，2015.09
　　面；　公分
ISBN 978-986-91813-4-1（平裝）
1.點心食譜 2.麵包
427.16　　　　　　　　　　　104015456

讀者線上回函

麵包大變身

藤田千秋 著

賴郁婷 譯

好好品嘗變化多端的美味麵包料理

屬於生鮮類的麵包本來應該是每次採買當天要吃的份量就好。
每次到知名麵包店買麵包時，看到有人拿了堆得像山一樣高的麵包去結帳，
我都會多慮地想：「這些麵包真的都能在還好吃的時候被吃掉嗎？」

麵包如果沒有保存好，經過一段時間之後，
不管原本再好吃，美味程度都會減少一半。
我自己烤麵包都只會留下當天要吃的份量，其他的立即送進冷凍庫。
不過就算是這樣，如果冷凍或解凍的方法不對，
原本美味的麵包也會變得不好吃。

雖然這麼說，到了麵包店的時候，還是會覺得「機會難得」，
這樣也想吃，那個也想買，一不小心就買太多。

於是，基於過去許多經驗，對麵包稍微有點了解的我，
想跟大家介紹麵包保存和回溫的方法，以及可以品嘗到美味麵包的創意和食譜。

希望這些食譜不只可以讓你解決吃剩麵包的困擾，
甚至會讓人「特地去買麵包，把它留下來不吃掉，
只為了可以拿來做美味料理」。

51個讓普通麵包大變身的美味魔法，請一定要試試。

藤田千秋

這種料理適合用哪一種麵包來做？

雖然都是麵包，味道卻各自不同。
這裡說明拿來做料理的麵包各自適合
什麼樣的調味和烹調手法。

棍子麵包

棍子麵包的原料是麵粉、鹽、水和酵母。外皮硬硬脆脆的，咬起來很香；裡頭口感柔軟有彈性。通常一次得買一根，所以很容易吃不完剩下來，不過棍子麵包的特性拿來再利用非常方便，和任何料理都很好搭配。

棍子麵包味道單純，不添加油脂，因此做成料理時的重點是添加風味，或是和濕性食材互相搭配。如果做成午餐或晚餐菜色，可以加到湯裡，或是淋上醬汁，或是跟蛋和乳酪搭配。也可以用來做成沙拉，吃得到脆脆的口感。如果是做成甜點，可以抹上加了蛋液的杏仁奶油霜一起吃，不但吃得到麵包的香氣，味道也變得更濃郁。

Baguette

土司

在超市等地方很方便就能買到的土司又分成許多種類，有味道單純的土司，也有加了許多奶油做成的土司。本書中所使用的是到處都買得到的一般土司。

土司的邊比較薄，柔軟的麵包體較多，因此可以用來吸附汁液，或是切成小塊混合在食材中，用途非常廣。而說到土司就不得不提到三明治土司，只要加上一點烹調上的小創意，放了太久的麵包也能變得很美味。三明治土司比較薄，可以用來作為法式鹹派的底，輕鬆不費工就能烤出酥脆的派皮。還可用來做甜點，不管是淋上蛋液做成麵包布丁，取代手指餅乾做成提拉米蘇，還是泡在巧克力裡烤得酥酥脆脆的，土司也能變化成各種甜點。

White bread

鄉村麵包

正式名稱是「pain de campagne」，也就是歐式「鄉村麵包」的意思。材料簡單，發酵時間長，大多會添加全麥或裸麥等雜糧粉，味道醇厚，可以吃得到小麥的風味和甜味。造型大多是大圓形，因此裡頭的麵包體也比較多，這是鄉村麵包的特色之一。

有些店家會用天然酵母來製作，可以吃到獨特的甜味。就算搭配燉豬肉，味道也毫不遜色。或是和沙拉一起吃，不只份量變多，風味也變得更豐富。

如果用來做成甜點，建議可以選擇加了水果或堅果類的鄉村麵包，可以直接吃到麵包的原味，也可以作為派皮使用。

Campagne

布里歐許・奶油餐包

布里歐許（brioche）是以大量奶油和雞蛋做成，最常見的外形是可愛的「brioche à tête」（意思是「有頭的布里歐許」）。近來，許多麵包店都買不到布里歐許，反而在法國甜點店可以看到布里歐許和可頌、丹麥等麵包的蹤跡。

本書將介紹幾個利用布里歐許的外形來製作的餐點，其他的變化也可以用容易買到的奶油餐包來代替。

這兩款麵包雖然都是甜的，不過書中也會介紹幾道鹹味料理，例如用來搭配味道淡雅的沙拉等。如果用來做成甜點，可以藉由布里歐許的可愛外形變化成蒙布朗，或是將柔軟的麵包體撕成小塊來利用。

Brioche · Butter roll

貝果

貝果的製作是將麵團整形成戒指狀後以滾水燙過，再放進烤箱烘烤，因此吃起來外皮較硬，裡面則柔軟有彈性。而製作貝果基本上不會用到奶油、蛋和牛奶，味道較單純。

將貝果切成薄片烤成像洋芋片一樣，可以吃得到貝果簡單的原味和口感。貝果可以用來做成各種料理，因此吃剩的貝果都可以先做成像洋芋片一樣備用，方便之後再利用。書中介紹的兩道食譜就是運用貝果洋芋片的酥脆口感來做變化的甜點，不管是搭配焦糖或是和水果乾一起吃，都可以讓貝果的味道變得更豐富。

Bagel

可頌

可頌誕生於法國，屬於丹麥麵包的一種。由於使用大量奶油，麵團和奶油所形成的多層薄膜成為一大特色，可以吃到酥脆的口感和甜度。

可頌有濃郁的奶油香氣，用來當甜點的基底可以增加風味，讓味道更顯豐富。搭配鮮奶油或焦糖，味道更是香醇濃郁。或是抹上鬆軟的檸檬卡士達醬，甜度和酸度都恰到好處，輕鬆就完成一道甜點。也可以將可頌一層一層撕下來作為派皮，如此獨特的創意變化最適合用在擁有豐富香氣的可頌上。

Croissant

contents

※每道食譜的右上角會標示出適合的
　用餐場合，可作為菜單選擇。

☀ 早餐　　🍽 午餐

🍱 便當　　☕ 點心

🍌 晚餐　　🍷 下酒菜

※食譜右側會以圖示標記出該食譜除
　了所介紹的麵包以外，「其他適合
　的麵包」為何，有時也會標記出適
　合的麵包切法，可供剩餘麵包的活
　用參考。

※1大匙=15ml；1小匙=5ml；
　1杯=200ml。大、小匙請以
　平匙為標準。

※食譜中的鹽皆使用粗鹽，若
　使用精製鹽請斟酌用量。

※本書食譜標示的是瓦斯烤箱
　的加熱溫度和時間，若使用
　電烤箱請自行做調整。

※每台烤箱的加熱溫度、時間
　和出爐不盡相同，請參考食
　譜中所標示的時間，配合自
　己的烤箱做調整。

※食譜中的微波瓦數為600
　瓦，如果用的是500瓦的瓦
　數，請依標示時間乘上1.2
　倍。

Part 1
Baguette 棍子麵包

棍子麵包的美味吃法

1 保存方法

棍子麵包不含油脂，內部的麵包體特別容易老化（蛋白質變質導致味道變差）、乾燥。大家常說「棍子麵包最好吃的是剛烤好的幾個小時」，最好的方法是一次只買吃得完的份量。除了當天要吃的以外，其他的就盡快先冷凍起來。

不只是棍子麵包，任何麵包都不能放冷藏保存。

為了不必要的解凍，冷凍麵包時基本上要先將每次要吃的份量切好分包密封起來，再放進冷凍庫。以棍子麵包的大小來說，兩人份大約是1/2至1/3根，以此份量切好，用保鮮膜包起來，再放進密封袋裡冷凍即可。

就算已經冷凍起來，麵包的風味多少也會變差，最好在一星期內吃完。如果要做成三明治，可以先將內餡夾好一起放冷凍，取出後就能直接作為便當帶著走。

2 回溫、加熱方式

冷凍麵包最好的回溫方式是自然解凍，確實密封冷凍的麵包只要放在常溫下約30分鐘，應該就能恢復到購買時的狀態。如果真的急著要吃，可以先微波幾秒鐘（依麵包大小決定），然後再於室溫下自然解凍。回溫過的麵包如果要加熱，只要先輕輕噴點水，放進烤麵包機裡烤到喜歡的程度，就會變得更香更好吃。

3 完美切法

切棍子麵包時，如果有麵包刀就很簡單了。棍子麵包的外皮比較硬，因此要先以刀刃下刀，接著再直接往下切就可以了。麵包如果比較硬，刀刃的方向會容易歪掉，新手不妨謹慎地慢慢切。

我常用的麵包刀和切麵包板。麵包刀是德國雙人牌（J. A. Henckels），切麵包板則是約20年前在生活用品店買的。也可以用一般的菜刀和砧板來切麵包，但最好還是準備用得順手的麵包專用器具（特別是刀子）。

※本書食譜中棍子麵包的大小，切面長約5～6公分，基本上一塊切片約15～20克（食譜中如果有標示切片厚度，則以標示的為製作標準）。

濃稠的湯中滿是蔥的甜味，
加上棍子麵包的香氣更能凸顯風味。

法式焗香蔥濃湯

其他適合的麵包 { 鄉村麵包 }

材料　2～3人份

◆ 棍子麵包切片（1公分厚）	4片
（片數視容器大小決定）	
◆ 奶油	少許

濃湯

◇ 蔥	3根
◇ 馬鈴薯	1小顆
◇ 大蒜	少許
◇ 高湯塊	1/2塊
◇ 牛奶	50ml
◇ 水	500ml
◇ 奶油	10克
◇ 鹽、胡椒	適量

◆ 會融化的乳酪	適量
（格律耶〔Gruyère〕或豪達〔Gouda〕乳酪）	

做法

1　2根蔥連同蔥綠的部分清洗乾淨，斜切成薄片。馬鈴薯削皮，切成薄片以方便快熟。大蒜切末。

2　製作濃湯。鍋子裡放入奶油、蔥片和蒜末，炒到蔥和蒜末變軟後，加入馬鈴薯、水、高湯塊一同煮到沸騰。之後轉小火熬煮20～30分鐘（中途如果湯汁變少就再加入適量的水）。待馬鈴薯變軟之後以木勺壓碎，再加入牛奶稍微溫熱，最後以鹽和胡椒調味。

3　剩餘的1根蔥切成3～4公分細絲，以奶油（材料份量外）拌炒，撒點鹽和胡椒調味。棍子麵包抹上奶油，放上炒好的蔥絲和乳酪，放進烤麵包機烤到乳酪融化。烤好的棍子麵包放在步驟2的湯品上即完成。

＊整體湯汁不要太多，做成像焗烤料理一樣。

最適合搭配紅酒的時尚小點心，
以棍子麵包來提升香氣和份量。

燻鮭魚番茄下酒串
牛火腿梅乾下酒串

其他適合的麵包 { 鄉村麵包 }

材料　各4串

做法

A 燻鮭魚番茄下酒串

◇ 棍子麵包（細的）　　1片（約4～5公分）
◇ 橄欖油　　　　　　　　　　　　適量

◆ 煙燻鮭魚　　　　　　　　　　　4片
◆ 小番茄　　　　　　　　　　　　4顆
◆ 蒔蘿（可有可無）　　　　　　　適量
◆ 檸檬（可有可無）　　　　　　　適量

B 生火腿梅乾下酒串

◇ 棍子麵包（細的）　　1片（約4～5公分）
◇ 橄欖油　　　　　　　　　　　　適量

◆ 牛火腿　　　　　　　　　　　　4片
◆ 梅乾　　　　　　　　　　　　　4顆
◆ 紫萵苣（可有可無）　　　　　　適量

A

1　棍子麵包縱切成四等份，淋上橄欖油，以燻鮭魚捲起來。

2　步驟1和小番茄以牙籤串起來。如果有蒔蘿和檸檬，可放置一旁搭配食用。

B

1　棍子麵包縱切成四等份，以橄欖油炒到酥脆後，用生火腿捲起來。

2　梅乾以熱水發泡。

3　用牙籤串起步驟1和2。如果有紫萵苣，可放置一旁搭配食用。

＊這道食譜使用的是「細長棍」（ficelle），比一般棍子麵包來得細。

搭配濃稠的半熟蛋和濃郁醬汁，平凡的棍子麵包立刻變身華麗早餐。

水波蛋佐荷蘭醬

其他適合的麵包 ｛土司（2等份）｝ ｛英式馬芬｝

材料　2人份

◆ 棍子麵包（1～2公分厚的斜片）　　2片
◆ 奶油　　　　　　　　　　　　　　適量

水波蛋

◇ 蛋　　　　　　　　　　　　　　　2顆
◇ 醋　　　　　　　　　　　　　1～2大匙

荷蘭醬（方便製作的量）

◇ 蛋黃　　　　　　　　　　　　　　1顆
◇ 黃芥末醬　　　　　　　　　　　　2小匙
◇ 奶油　　　　　　　　　　　　　　60克
◇ 檸檬汁　　　　　　　　　　　1～2小匙
◇ 鹽　　　　　　　　　　　　　　　適量
◇ 水　　　　　　　　　　　　　　　1大匙

裝飾（依個人喜好）

◇ 小黃瓜、紅甜椒（0.5公分塊狀）　適量
◇ 巴西里末　　　　　　　　　　　　適量
◇ 嫩葉生菜　　　　　　　　　　　　適量

做法

水波蛋

1　小深鍋裝水煮沸，加入醋。

2　用筷子以畫圓方式將滾水畫成旋渦狀，蛋輕輕倒入旋渦中心（右圖）。就這樣不要動，煮4分鐘後把蛋撈起泡入冷水中，最後瀝乾水分。

靠近鍋子輕輕把蛋倒入鍋中，就能煮出漂亮的水波蛋。

荷蘭醬　＊這道醬汁放涼也能當沾醬用

1　小鍋裡放入蛋黃、黃芥末醬和水，以打蛋器攪拌混合均勻。

2　以微火加熱，奶油分3～4次倒入鍋中並攪拌均勻。待醬汁變稠時，以檸檬汁和鹽調味，熄火。

＊棍子麵包烤熱，塗上奶油，水波蛋放在麵包上並淋上荷蘭醬。依個人喜好撒點紅甜椒和巴西里末，一旁裝飾嫩葉生菜。

加了各種豐富香草的三明治，用較細的棍子麵包來平衡出絕妙風味。

細長棍香腸三明治

材料　2人份	
◆ 細長棍（較細的棍子麵包）	長20公分×2根
◆ 香腸	4根
◆ 洋蔥	1/2顆
◆ 酸黃瓜	4根
◆ 芥末籽醬	適量
◆ 香草	適量
（迷迭香、百里香、鼠尾草、月桂葉等）	
◆ 奶油	少許
◆ 橄欖油	少許
◆ 鹽、胡椒	適量

做法

1　洋蔥切薄片。鍋中放入奶油加熱，洋蔥加入拌炒，以鹽和胡椒調味。酸黃瓜縱切成兩等份。

2　細長棍縱向切開，不要切斷。抹入芥末籽醬，將步驟1的洋蔥、香腸和酸黃瓜夾入其中做成三明治。最後夾入香草，用棉線將三明治綁起來（下圖）。

3　淋上橄欖油，放入烤箱以200℃烤7～8分鐘，邊烤邊注意烘烤程度（也可用烤麵包機）。

用棉線確實綁緊，注意不要綁太緊破壞了三明治的外形。

煎得焦香的烘蛋加了棍子麵包，份量提升，
是一道最適合派對的華麗餐點。

棍子麵包西班牙烘蛋

其他適合的麵包 { 鄉村麵包 }

材料　1個直徑18～20公分的平底鍋份量

◆ 棍子麵包	1～2片（30～35克）
◆ 蛋	4顆
◆ 洋蔥	1/2顆
◆ 馬鈴薯	1小顆
◆ 蝦夷蔥（或細蔥）	適量
◆ 奶油	少許
◆ 橄欖油	少許
◆ 鹽	少許
◆ 蝦夷蔥花（或一般蔥花）	適量

做法

1　棍子麵包切成2公分塊狀。洋蔥切薄片。鍋中放入奶油加熱，加入洋蔥拌炒，馬鈴薯連皮一起微波3分鐘，取出後剝掉皮，切成2公分塊狀。蝦夷蔥切成0.5公分長。

2　將蛋打勻，加入步驟1的棍子麵包、洋蔥、馬鈴薯、蝦夷蔥、鹽混合均勻。

3　平底鍋熱鍋，倒入橄欖油加熱，油熱後一口氣將步驟2全部倒入鍋中。靜置約30秒後將食材充分攪拌混合，蓋上鍋蓋，轉微火。

4　等到差不多凝固之後便熄火，以餘溫煎到所有食材黏在一起。最後撒上蝦夷蔥花。

用棍子麵包來黏聚食材，還能增加口感。
搭配新鮮蔬菜，營養均衡滿分。

棍子麵包茄子蘸醬&鷹嘴豆蘸醬

其他適合的麵包 {土司}

材料　方便製作的份量

做法

A 茄子蘸醬

◇ 棍子麵包	2片（30克）

◆ 茄子	3根
◆ 大蒜	1/2瓣
◆ 檸檬汁	1/2小匙
◆ 孜然籽（可有可無）	適量
◆ 辣椒粉（或是一味辣椒粉）	少許
◆ 橄欖油	1又1/2大匙
◆ 鹽	少許

◆ 小黃瓜、紅蘿蔔、芹菜 （依個人喜好）	適量

B 鷹嘴豆蘸醬

◇ 棍子麵包	2片（30克）

◆ 鷹嘴豆（罐頭）	1罐（120克）
◆ 洋蔥	1/4小顆
◆ 巴西里	1枝
◆ 檸檬汁	1小匙
◆ 鹽	少許

◆ 小黃瓜、紅蘿蔔、芹菜 （依個人喜好）	適量

A

1　茄子連皮切滾刀塊，放進高濃度的鹽水中泡約20分鐘，待茄子變軟後取出擰掉水分。大蒜切薄片。

2　用橄欖油炒步驟1的茄子和大蒜，接著轉小火，蓋上鍋蓋燜至食材軟爛為止，注意不要燒焦了（中途如果看似快燒焦就加入少量的水）。

3　棍子麵包泡水，再取出擰乾水分。

4　步驟2的茄子和步驟3的棍子麵包放進食物調理機攪拌，邊試味道邊加入檸檬汁、孜然籽、辣椒粉和鹽，繼續攪拌至稠糊狀。

5　依個人喜好搭配切成棒狀的小黃瓜、紅蘿蔔或芹菜一起吃。

B

1　所有材料放入食物調理機裡攪拌（邊嘗味道邊加鹽）。

2　依個人喜好搭配切成棒狀的小黃瓜、紅蘿蔔或芹菜一起吃。

豐富的蔬菜和滿滿的棍子麵包，
加上融化的乳酪，吃起來更是特別。

烤普羅旺斯燉菜

其他適合的麵包｛鄉村麵包｝

材料　4人份（26×18×高4公分）

◆ 棍子麵包　　　2片（適量就好）

◆ 洋蔥　　　　　　　　1/2顆
◆ 番茄　　　　　　　　　1顆
◆ 茄子　　　　　　　　　2根
◆ 櫛瓜　　　　　　　　　1根
◆ 甜椒　　　　　　　　　1個
◆ 大蒜　　　　　　　　　1瓣
◆ 莫札瑞拉乳酪　1/2個（約50克）
◆ 白酒　　　　　　　　50ml
◆ 橄欖油　　　　　　　少許

做法

1　　大蒜以外的所有蔬菜都切成一口大小。

2　　鍋中放入橄欖油和壓碎的大蒜，炒到蒜香出來後，放入洋蔥、番茄、茄子、
　　　甜椒，再加入白酒，撒上少許鹽。上鍋蓋小火煮30分鐘，最後加鹽調味。

3　　耐熱容器中放入步驟2、棍子麵包，以及切成1公分厚的莫札瑞拉乳酪，在麵
　　　包上淋上步驟2的湯汁，放入烤箱以180℃烤約10分鐘。

　　＊麵包吸附蔬菜湯汁，放冷了也很好吃。

用兩種棍子麵包來營造口感，
搭配各色生菜，非常有飽足感的一道沙拉。

棍子麵包尼斯沙拉

其他適合的麵包 { 鄉村麵包 }

材料　2人份

- 棍子麵包　　　　　　　2片
- 橄欖油　　　　　　　　1大匙

- 奶油萵苣　　　　　　　半顆
- 西洋菜　　　　　　　　1把
- 紫萵苣　　　　　　　　適量
- 四季豆　　　　　　　　5～6根
- 紫洋蔥　　　　　　　　1/4顆
- 黑橄欖　　　　　　　　約5顆
- 油漬鯷魚　　　　　　　3～4片
- 橄欖油（依個人喜好）　適量
- 鹽（依個人喜好）　　　適量

醬汁（混合均勻）

- 蜂蜜　　　　　　　　　1/2小匙
- 檸檬汁　　　　　　　　1又1/2大匙
- 橄欖油　　　　　　　　2大匙
- 鹽　　　　　　　　　　比1/2小匙稍少

做法

1　一片棍子麵包浸水後取出擰乾，剝碎和醬汁混合均勻備用。另一片麵包切成
　　1～2公分塊狀，用橄欖油炒過。

2　生菜類用手撕成方便食用的大小。四季豆以鹽水稍微氽燙，保留些許口感。
　　紫洋蔥切薄片，泡鹽水後取出擰乾。

3　紫洋蔥以外的生菜擺盤，撒上黑橄欖和油漬鯷魚，放上拌過醬汁的棍子麵
　　包，最後再撒上紫洋蔥和炒過的麵包。

4　吸飽醬汁的麵包和其他食材拌勻，最後依個人喜好淋上橄欖油並撒鹽調味。

　　＊可依個人喜好放上其他食材如番茄、小黃瓜、芹菜等。

用烤過的棉花糖取代鮮奶油，
做成大家都愛的香蕉巧克力及乳酪兩款三明治。

香蕉巧克力棉花糖三明治
乳酪棉花糖三明治

其他適合的麵包〔土司（4等份）〕

材料　各2個

A 香蕉巧克力棉花糖三明治

◇ 棍子麵包（1公分厚）	4片
◇ 奶油	適量
◆ 香蕉（0.7〜0.8公分厚）	2片
◆ 棉花糖	2顆
◆ 巧克力（巧克力磚）	2塊

B 乳酪棉花糖三明治

◇ 棍子麵包（1公分厚）	4片
◇ 奶油	適量
◆ 棉花糖	2顆
◆ 會融化的乳酪	適量

做法

A

1　棍子麵包抹上奶油，分別在2片麵包上擺上棉花糖和巧克力塊。4片麵包一起放入烤箱（或烤麵包機）以170℃烤約3〜4分鐘。

2　待棉花糖融化後，放上香蕉，再擺上另一片麵包做成三明治（下圖）。

B

1　棍子麵包抹上奶油，分別在2片麵包上擺上棉花糖和乳酪。4片麵包一起放入烤箱（或烤麵包機）以170℃烤約3分鐘。

2　另一片麵包擺在有棉花糖和乳酪的麵包上。

用棍子麵包把材料夾起來，壓緊。

法國人運用巧思將吃剩的麵包變成法式土司這道美味甜點，
添加白巧克力就能做出優雅濃郁的味道。

白巧克力法式土司

其他適合的麵包 ｛土司｝ ｛布里歐許（2等份）｝

材料　2人份

◆ 棍子麵包（3公分厚）　　　4片

◆ 白巧克力（切碎）　　　20克
◆ 鮮奶油　　　50ml
◆ 牛奶　　　100ml
◆ 蛋　　　1顆
◆ 細砂糖　　　30克
◆ 奶油　　　10克

配料（依個人喜好）

◇ 香草冰淇淋　　　適量
◇ 草莓、藍莓　　　適量
◇ 薄荷葉　　　適量
◇ 鹽　　　適量

做法

1　耐熱容器中放入鮮奶油，微波加
　　熱50～60秒。接著加入白巧克力
　　拌勻直到完全融化。

2　在步驟1中依序加入細砂糖、打
　　勻的蛋液、牛奶，每加入一樣材
　　料都要充分拌勻，最後過濾。

3　棍子麵包浸泡在步驟2裡約半
　　天，其間偶爾將麵包翻面，直到
　　整個麵包都吸飽液體（下圖）。

4　平底鍋裡放入奶油加熱融化，將步驟3放入煎到表面呈現焦黃色。
　　接著將麵包放入烤箱以160℃烤約10分鐘（也可以用平底鍋煎到完
　　成，但用烤箱會烤得比較漂亮）。

5　麵包盛盤，可依喜好搭配香草冰淇淋、切成1公分塊狀的草莓、藍
　　莓、薄荷葉等。

浸泡約半天後，液體差不多會全滲
入到麵包中。

　　※浸泡步驟的製作重點在於選擇大小剛好可以擺進4片麵包的容器。

有著香醇甜味的法式焦糖杏仁脆片是很受歡迎的甜點，
利用棍子麵包就能毫不費力地輕鬆完成。

法式焦糖杏仁脆片

其他適合的麵包〔土司（4等份）〕〔布里歐許（切片）〕

材料　方便製作的份量

♦ 細長棍　　　　　　　　14～15片
（較細的棍子麵包／1公分厚）
♦ 奶油　　　　　　　　　適量

♦ 杏仁片　　　　　　　　50克
♦ 鮮奶油　　　　　　　　50ml
♦ 蜂蜜　　　　　　　　　50克

做法

1　杏仁片放入烤箱以150℃烤約
　　8～9分鐘。

2　細長棍抹上奶油，放入烤箱
　　（或烤麵包機）以150℃烤到變
　　酥脆，注意不要烤焦。

3　蜂蜜和鮮奶油混合均勻，放到
　　爐火上加熱約半分鐘，直到變
　　濃稠。接著放入步驟1的杏仁片
　　拌勻（下圖），之後再趁熱放
　　到步驟2的麵包上。

4　擺有杏仁片的麵包放入烤箱，
　　以150℃烤約10～15分鐘，直到
　　整個變脆為止（如果烤不脆，
　　改以120℃低溫烤乾，注意不要
　　烤焦了）。

當糖液變稠、表面冒泡沸騰時，再倒入杏仁片。

香蕉和椰子讓整體多了一份異國風味，
如甜甜圈般的甜膩最適合當小點心吃。

油炸香蕉麵包

其他適合的麵包 { 土司 } { 布里歐許 }

材料　8份

◆ 棍子麵包	2片（約50克）

◆ 香蕉	1大根
◆ 椰子絲	15克
◆ 牛奶	1又1/2大匙
◆ 蛋	1顆
◆ 椰子粉	20克
◆ 蔗糖	20克
◆ 低筋麵粉	40克
◆ 泡打粉	1/2小匙
◆ 炸油（沙拉油）	適量
◆ 糖粉	適量

做法

1　棍子麵包和香蕉切成約1公分塊狀。椰子絲以平底鍋乾炒（或以烤箱120℃烤5～6分鐘），注意不要燒焦。

2　將蛋打勻，依序加入蔗糖、椰子粉、牛奶，每加入一樣材料都要充分拌勻。接著將步驟1的棍子麵包、香蕉、椰子絲也加入拌勻。

3　低筋麵粉和泡打粉混合，邊過篩邊加入步驟2裡，拌成麵糊。

4　炸油加熱，步驟3的麵糊以湯匙分塊舀入油鍋中，炸到變酥脆（也可以用平底鍋倒入較多的油以煎炸的方式來做）。最後在炸好的麵包上撒上糖粉。

放了大量酸酸甜甜的杏桃，
鮮奶油裡加了優格，口味更清爽。

杏仁塔

其他適合的麵包（3公分大小）{土司}{布里歐許}{可頌}

材料　2人份（20×15×高4公分）

◆ 棍子麵包　　　　2片（30～35克）
◆ 奶油　　　　　　　　　　　適量

◆ 杏桃（罐頭）　2/3罐（約350克）
◆ 杏仁（縱切）　　　　　　　20克
◆ 鮮奶油　　　　　　　　　　150克
◆ 優格　　　　　　　　　　　100克
◆ 蛋　　　　　　　　　　　　2顆
◆ 蜂蜜　　　　　　　　　　　50克
◆ 杏仁粉　　　　　　　　　　50克

做法

1　棍子麵包切成2公分塊狀。耐熱容器裡抹上一層薄薄的奶油。

2　大碗裡倒入2顆蛋打勻，加入鮮奶油、優格、蜂蜜、杏仁粉拌勻，過濾。

3　接著放入步驟1的棍子麵包拌勻，整個倒入耐熱容器中（可以的話，先靜置約30分鐘，讓麵包吸飽蛋液）。放上杏桃，撒上杏仁。

4　放入烤箱先以180℃烤10分鐘，再以160℃烤約20分鐘。

　＊容器選擇和食譜容量差不多的即可。

part 2

White bread 土司

土司的美味吃法

1 保存方法

土司大多會先烤過再吃，因此放室溫1～2天不成問題，不過建議吃不完還是一開始就先冷凍起來。盡可能每片土司分別用保鮮膜包起來，放入密封袋再冷凍。

冷凍的土司最好也要在1～2週內吃完。如果要做成三明治，可以先將內餡夾好一起送進冷凍，取出後就能直接當成便當帶著走。

2 回溫、加熱方式

從冷凍庫取出要吃的份量自然解凍。土司很薄，解凍速度很快，只要每片分別用保鮮膜包好，放室溫約10分鐘就能自然解凍了。

如果要烤，可以在冷凍狀態下就直接放入烤箱。但因為還是冷凍狀態，烤的時間會稍微久一點，請自行調整。

或者也可以像41頁所介紹的不用烤的，而是用蒸的，一樣可以將土司變得又濕潤又柔軟，非常好吃。

3 完美切法

市面上的土司基本上大多是切片好的，自己切土司的機會可能不多。

剛烤好的土司很軟，硬要切的話會破壞土司的外形，最好是放涼了再切。切的時候先在土司邊以刀刃下刀，再直接往下切就可以了。

※1塊土司約有350～450克。每片土司的重量依所切的片數不同分別為：切成5片，每片80克；切成6片，每片67克；切成8片，每片50克；三明治土司每片18克。

將熟悉的甜點變成早餐，
快樂享受美味主餐。

番茄法式土司

其他適合的麵包 { 棍子麵包 }

材料　2人份

◆ 土司（6片切）	2片
◆ 蛋	1顆
◆ 番茄醬	60ml
◆ 橄欖油	1大匙
◆ 帕馬森乳酪	適量

配料（依個人喜好）

◇ 培根（先煎好）	適量
◇ 萵苣	適量
◇ 小番茄	適量
◇ 喜愛的淋醬	適量

做法

1　蛋和番茄醬混合均勻。如果用的是無鹽番茄醬，這時候可以多加一小撮鹽。

2　土司浸泡在步驟1裡約30分鐘，期間不時將土司翻面。

3　平底鍋裡倒入橄欖油加熱，步驟2的土司放入鍋中兩面煎至金黃色。煎好後取出盛盤，撒上帕馬森乳酪。

4　依喜好搭配培根、萵苣或小番茄一起吃，也可淋上醬汁。

三明治土司做成的簡單鹹派，
利用杯子做成可愛的一人份。

土司皮杯子鹹派

材料　4個杯子蛋糕模的份量

◆ 土司（12片切的三明治土司）　　　4片
◆ 奶油　　　　　　　　　　　　　適量

◆ 培根　　　　　　　　　　　　　30克
◆ 洋蔥　　　　　　　　　　　　　1/2顆
◆ 鹽　　　　　　　　　　　　　　少許
◆ 毛豆　　　　　　　　　　　　　16顆
◆ 蛋　　　　　　　　　　　　　　1顆
◆ 鮮奶油　　　　　　　　　　　　50ml
◆ 鹽、胡椒　　　　　　　　　　　少許
◆ 會融化的乳酪　　　　　　　　　適量

做法

1　土司邊切除，用擀麵棍將土司擀成薄片。杯子蛋糕模裡抹上奶油，把薄片土司塞進杯子裡（下圖），再刷上融化的奶油，放入烤箱以160℃烤10分鐘，直到變酥脆。

2　培根切成0.7～0.8公分塊狀，洋蔥切薄片，兩個一起炒到變軟，撒點鹽調味。毛豆以鹽水汆燙好備用。

3　大碗裡放入一顆蛋打勻，加入鮮奶油混合攪拌，再放入步驟2、鹽和胡椒。

4　在步驟1的烤模裡先平均填入步驟3的食材，再注入步驟3的蛋液，注意不要滿出烤模。上頭撒點會融化的乳酪，放進烤箱以160℃烤約15分鐘即可。

＊填入食材和蛋液時如果滿出土司外，烤完會黏在烤模上無法取出，要特別注意！

土司沿著烤模貼附，重疊的部分往內折。

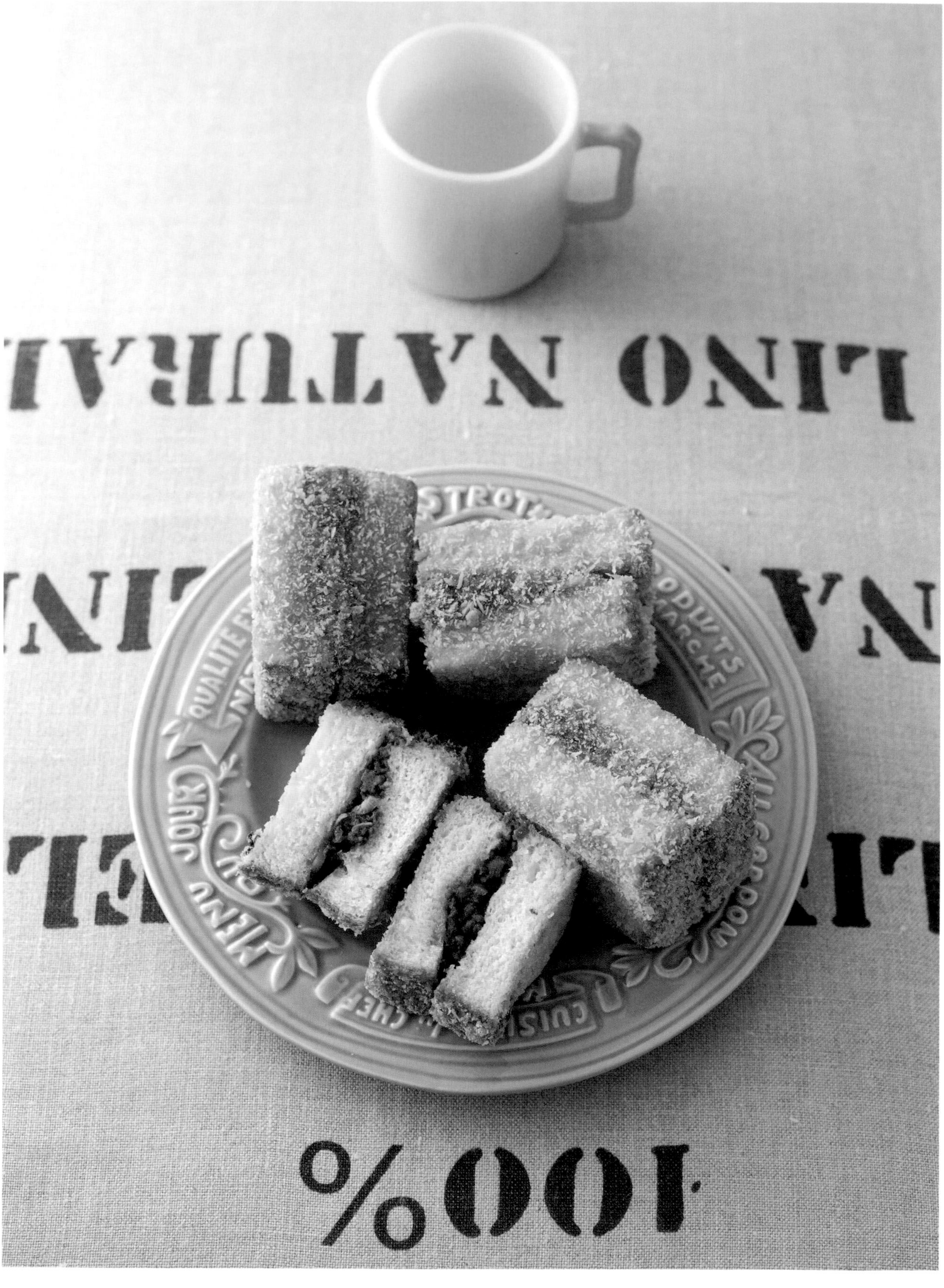

咖哩麵包也可以用土司簡單輕鬆做！
冷了也好吃，帶便當也很適合。

咖哩麵包

材料　4個

♦ 土司（6片切）　2片

乾咖哩（方便製作的份量）

◇ 綜合絞肉　　　　　　　　100克
◇ 洋蔥　　　　　　　　　　1/4顆
◇ 大蒜、薑　　　　　　　　少許
◇ 咖哩粉　　　　　　　　　2小匙
◇ 番茄醬　　　　　　　　　1大匙
◇ 麵粉　　　　　　　　　　1小匙
◇ 鹽、胡椒　　　　　　　　少許
◇ 沙拉油　　　　　　　　　少許

♦ 麵粉　　　　　　　　　　適量
♦ 蛋液　　　　　　　　　　適量
♦ 麵包粉（細的）　　　　　適量
♦ 炸油（沙拉油）　　　　　適量

做法

1　製作乾咖哩。洋蔥、大蒜、薑都切成碎末，
　　用沙拉油炒香，再加入絞肉一起拌炒。接著
　　加入咖哩粉、番茄醬、鹽、胡椒調味，再加
　　入1小匙麵粉拌炒。

2　用2片土司夾入適量的步驟1，再切成4等份
　　（下圖）。

3　將步驟2整個裹上麵粉，再依序沾附蛋液和麵
　　包粉，以180℃的炸油炸到金黃上色為止。

＊放涼的咖哩麵包用烤箱回溫加熱會更好吃。

切的時候要壓緊，以避免麵包歪斜。請切成十字。

連容器都能吃的小小趣味焗烤麵包盒，滿滿都是料的內餡燉得幾乎入口即化。

焗烤麵包盒

材料　2人份

◆ 迷你土司（8×約9公分／4公分厚）2片

◆ 綜合絞肉　　　　　　　100克
◆ 洋蔥　　　　　　　　　1/2顆
◆ 南瓜　　　　　　　　　100克
◆ 蘑菇　　　　　　　　　1包
◆ 番茄醬　　　　　　　　1大匙
◆ 奶油白醬（市售成品）　70克
◆ 水　　　　　　　　　　2大匙
◆ 紅椒粉　　　　　　　　1大匙
◆ 辣椒粉　　　　　　　　少許
◆ 檸檬汁　　　　　　　　2小匙
◆ 奶油　　　　　　　　　少許
◆ 鹽、胡椒　　　　　　　少許
◆ 會融化的乳酪　　　　　適量

做法

1　土司中間挖空，注意不要把底部挖破了。

2　洋蔥切末，南瓜切成2～3公分塊狀，蘑菇切薄片。洋蔥末以奶油炒到變軟，加入絞肉繼續拌炒，再放入南瓜和蘑菇，炒勻後加入番茄醬、奶油白醬和水，蓋上鍋蓋以小火煮5～6分鐘。最後以紅椒粉、辣椒粉、檸檬汁、鹽和胡椒調味。

3　步驟2填入步驟1的土司裡，上面擺上會融化的乳酪，以烤箱烤到表面呈金黃即可。

＊用小一點的土司來做。

＊先把土司稍微冷凍後會比較好挖空。挖掉的土司不會用到，可以用來做成43頁的慕斯或46頁的麵包粥。

＊如果沒有紅椒粉，也可以依喜好改用2～3小匙的咖哩粉，做成咖哩口味。

蒸過的三明治吃起來濕潤又多汁，充滿香氣和異國風味。

法式芥末豬肉蒸三明治＆泰式鮮蝦蒸三明治

材料　各8個

A 法式芥末豬肉蒸三明治

◇ 土司（三明治土司）	4片
◇ 芥末籽醬	適量

◆ 豬肉（薄片）	4片（50〜60克）
◆ 洋蔥	1/2顆
◆ 鹽、胡椒	少許
◆ 檸檬（可有可無）	適量

B 泰式鮮蝦蒸三明治

◇ 土司（三明治土司）	4片
◇ 奶油	適量

◆ 蝦子（草蝦等）　4隻（蝦肉約100克）	
◆ 香菜	適量
◆ 魚露	少許
◆ 沙拉油	適量

做法

A

1　洋蔥切薄片。土司切邊抹上芥末籽醬，放上豬肉和洋蔥，撒點鹽和胡椒，接著將另一片土司蓋上夾起來。

2　三明治放在烘焙紙上，放入蒸爐以大火蒸約10分鐘，蒸好稍微放涼後切成4等份。一旁可搭配切片檸檬。

B

1　蝦子剝殼，香菜連莖一起切碎。

2　土司抹上奶油，將步驟1放上去，灑點魚露後，將另一片土司蓋上去夾起來。

3　三明治放在烘焙紙上，放入蒸爐中以大火蒸約8分鐘，蒸好稍微放涼後切成4等份。接著再以較多的沙拉油將三明治兩面煎到金黃（建議先蒸好備用，要吃的時候再煎），搭配香菜一起吃。

＊如果沒有蒸爐，可用平底鍋燒熱水，再放上盤子來蒸。

＊蒸好的三明治就很好吃了，但如果將加了蝦子的蒸三明治拿來像月亮蝦餅一樣煎過再吃，味道更美味。

加了麵包口感更鬆軟！
鮭魚的鮮甜和清爽的優格醬非常搭配。

鮭魚炸肉餅

其他適合的麵包〔棍子麵包〕

材料　4個

◆ 土司（6片切）　1又1/2片（75克）

◆ 新鮮鮭魚　　　　　2大切片
◆ 洋蔥　　　　　　　1/4顆
◆ 酸豆　　　　　　　2小匙
◆ 鹽、胡椒　　　　　少許

◆ 麵粉　　　　　　　適量
◆ 蛋液　　　　　　　適量
◆ 細麵包粉　　　　　適量
◆ 炸油（沙拉油）　　適量

淋醬

◇ 優格　　　　　　　50克
◇ 橄欖油　　　　　　1/2大匙
◇ 鹽　　　　　　　　少許

◆ 奶油萵苣（可有可無）　適量
◆ 檸檬（可有可無）　　　適量

做法

1　新鮮鮭魚剔除魚皮，魚肉對半切。洋蔥也切成適當大小。將一半的土司泡水後取出擰乾，另一半直接留著備用。

2　步驟1的鮭魚、洋蔥和土司放入食物調理機，撒上鹽和胡椒後啟動開關攪拌。再加入酸豆繼續攪拌均勻。

3　步驟2的食材分成4等份，捏成橢圓形，再依序裹上麵粉、蛋液、麵包粉。以較多的沙拉油用煎炸的方式炸熟肉餅，炸的時候要不時翻面。

4　淋醬的材料全部混合均勻。也可搭配奶油萵苣和切片檸檬一起吃。

　＊為了不讓肉餅口感太軟爛，土司只要一半的份量泡水擰乾就好，另一半不用。

這道餐點的鬆軟口感祕密就來自於土司，
調味則以凸顯酸味為主，增加清爽的風味。

土司鮪魚慕斯

其他適合的麵包｛棍子麵包｝

材料　2人份

♦ 棍土司（6片切）　比1/2多一點
（去掉土司邊後30克）

♦ 牛奶　　　　　　　　　　150ml
♦ 吉利丁粉　　　　　　　　3克
♦ 水　　　　　　　　　　　1大匙

♦ 鮪魚（罐頭）　　　1小罐（80克）
♦ 洋蔥（磨泥）　　　　　　1/4顆
♦ 小黃瓜（切0.5公分塊狀）　1根
♦ 芹菜（切0.5公分塊狀）　　1/2根
♦ 酸豆　　　　　　　　　　適量
♦ 鮮奶油　　　　　　　　　70ml
♦ 檸檬汁　　　　　　　　　1大匙
♦ 鹽　　　　　　　　　　　少許
♦ 橄欖油（依個人喜好）　　適量

做法

1　吉利丁粉以水泡開。土司去邊，撕碎泡在牛奶中，接著倒入鍋中加熱，等到變濃稠後加入
　泡開的吉利丁，以叉子盡可能將所有食材攪拌到滑順後再離火。

2　鮮奶油打發至七分。

3　在步驟1裡加入洋蔥，稍微放涼後再加入鮪魚和步驟2的鮮奶油。接著加入小黃瓜、芹菜、
　酸豆（各留一點裝飾用），以檸檬汁和鹽調味。所有食材倒入容器中，放入冰箱冷藏。

4　步驟3所留下的小黃瓜、芹菜和酸豆撒在慕斯上，依喜好淋上橄欖油。

　＊酸豆的酸味是味道的重點，如果沒有，可用檸檬汁取代以增加酸度。
　＊也可以搭配生菜一起吃。

麵包吸飽了清淡的卡士達醬，
搭配酸酸甜甜的覆盆子味道正好。

麵包布丁

材料　小型磅蛋糕模（7×12×高4.5公分）　1個

◆土司　　　　　　　　　　　　　　　　1片
　（最好用5片切，如果沒有就用6片切）

◆冷凍覆盆子　　　　　　　　　　　　適量
◆覆盆子果醬　　　　　　　　　　　　適量
◆蛋液　　　　　　　　　　　　　　　1顆
◆牛奶　　　　　　　　　　　　　　　50ml
◆砂糖　　　　　　　　　　　　　　　40克

配料（可有可無）

◇糖粉　　　　　　　　　　　　　　　適量
◇鮮奶油　　　　　　　　　　　　　　適量
◇砂糖　　　　　　　　　　　　　　　適量
◇覆盆子　　　　　　　　　　　　　　適量
◇薄荷葉　　　　　　　　　　　　　　適量

做法

1　蛋液、牛奶和砂糖混合均勻，過濾。

2　土司去邊，切成烤模的大小。切好的土司放入步驟1的蛋液中，確實吸飽蛋液。

3　烤模鋪上烘焙紙，將步驟2的土司一半塞進烤模中，中間鋪上覆盆子和果醬，再用剩下的土司蓋住（下圖）。

4　烤盤裡倒入熱水，將步驟3放置烤盤上，烤箱以160℃蒸烤約30分鐘。

5　烤好稍微放涼後，連同烤模放入冰箱冷藏，之後再脫模分切。可以撒上糖粉一起吃，或是鮮奶油加砂糖打發，再搭配覆盆子和薄荷葉。

土司擺在最上層，蓋住食材。

微微的甜味，軟綿綿的口感，
放上各種配料，享受不同的樂趣。

麵包粥

其他適合的麵包 {棍子麵包} {布里歐許} {奶油餐包}

材料　2人份

◆ 土司（6片切）　　　　　1片（60克）

◆ 豆漿　　　　　　　　　　300ml
◆ 蔗糖　　　　　　　　　　20克

配料

◇ 水煮紅豆、黑糖粉、黃豆粉等　適量

做法

1　　土司撕碎泡在豆漿中，待吸飽豆漿後和蔗糖一起放上爐火，以小火約煮4～5分鐘。

2　　煮好後趁熱放上紅豆或黃豆粉等一起食用。

　　＊也可以不加糖，改加鹽。
　　＊任何一種麵包都可以（不過甜麵包不適合做成鹹粥）。
　　＊也可以用牛奶取代豆漿。
　　＊也可以冷藏後搭配水果或果醬一起吃。

改用麵包來做可增加柔軟的口感和扎實的風味，
椰子香氣是整道甜點的重點。

堤拉米蘇

材料　15×15×高4公分的容器

◆ 土司（三明治土司）　　　2～3片

◆ 蛋白　　　　　　　　　　1顆
◆ 砂糖　　　　　　　　　　10克
◆ 馬斯卡彭乳酪　　　　　　100克
◆ 鮮奶油　　　　　　　　　50ml
◆ 砂糖　　　　　　　　　　20克

◆ 糖漿

◇ 水　　　　　　　　　　100ml
◇ 砂糖　　　　　　　　　40克
◇ 即溶咖啡　　　　　　　2大匙

◆ 椰子粉　　　　　　　　　適量
◆ 椰子絲　　　　　　　　　適量

做法

1　平底鍋放入椰子絲乾炒，注意不
　　要燒焦（或以120℃烤箱烤5～6
　　分鐘）。

2　糖漿的所有材料混合，微波加熱
　　約2分半鐘將材料融解拌勻。土
　　司切邊，完全浸泡在糖漿中。

3　蛋白打散後，加入10克砂糖打發。

4　馬斯卡彭乳酪與20克砂糖混合拌勻，再加入鮮奶油，以打蛋器充分
　　攪拌均勻。接著加入步驟3的蛋白霜稍微拌勻。

5　步驟2的土司一半鋪在容器裡，倒入一半步驟4的鮮奶油，疊上另一
　　半土司（下圖），再鋪上剩下的鮮奶油。用小篩子在表面撒上椰子
　　粉，再撒上椰子絲即可。

用土司把整個鮮奶油都蓋住。

塗滿厚厚一層巧克力奶油的餅皮，
和濃郁乳酪味的奶油餡是絕佳組合。

法式千層酥巧克力三明治

材料 4個

◆ 土司（三明治土司）	4片

巧克力奶油

◇ 鮮奶油	100ml
◇ 苦甜巧克力（切碎）	100克
◇ 蘭姆酒	1大匙
◆ 馬斯卡彭乳酪	30克
◆ 煉乳	15克
◆ 鮮奶油	10ml

做法

1　鮮奶油100ml微波加熱約60～70
　　秒後，加入巧克力融化混合，再
　　加入蘭姆酒拌勻。

2　土司去邊，將步驟1的巧克力奶
　　油厚厚地抹在單面土司上。

3　烤盤鋪上烘焙紙，放上土司，抹
　　巧克力的那面朝上。放入烤箱以
　　120℃烤約10分鐘。

4　等到土司表面乾了以後，翻面再
　　抹上步驟1的巧克力奶油，和步
　　驟3一樣放入烤箱烤。

5　重複步驟4的步驟2～3次（下圖），直到所有巧克力奶油都抹完、烤乾為止。
　　待土司變乾後放入冰箱冷藏。

6　馬斯卡彭乳酪裡慢慢加入煉乳拌勻，再加入鮮奶油，做成奶油餡。

7　步驟5的麵包切成4等份，抹上步驟6的奶油餡，做成4層。

　　＊冷的時候吃最好吃。

用刷子將整片土司都塗滿巧克力。

硬掉的麵包最適合拿來製作這道點心，
好吃的祕訣是讓麵包確實乾燥，才有酥脆的口感。

麵包脆餅

其他適合的麵包｛棍子麵包｝｛貝果｝

材料　2人份

◆ 土司（8片切）	2片
◆ 奶油	40克
◆ 砂糖	30克

變化口味

◇ 檸檬、肉桂與黃豆粉、抹茶等　適量

做法

1　土司分成4等份，放置靜待完全乾燥（可以直接放室溫，或是放入烤箱以100℃烤乾）。

2　奶油放室溫，軟化後加入砂糖打發，抹在步驟1的土司上（可以在這時候撒上不同口味的粉末），放入烤箱以120℃烤乾。

變化口味

・檸檬→檸檬皮磨粉撒在土司上。

・肉桂與黃豆粉→撒上肉桂粉與黃豆粉。

・抹茶→撒上抹茶粉。

part 3

Campagne 鄉村麵包

鄉村麵包的美味吃法

1 保存方法

所有麵包中,鄉村麵包尤其耐放。雖然每個人喜歡的口感不同,但以天然酵母做的麵包,有時隔天會比做好當天更好吃,味道更圓潤順口。

不過話雖這麼說,一兩天內吃不完的份量最好還是盡早冷凍比較好。

鄉村麵包的基本保存方法是先分成每次要吃的大小再冷凍。切片雖然可以比較快解凍,但冷凍時也比較容易變得乾燥,這一點要特別注意。

麵包不是放冷凍就沒事了,最好還是在1~2週內就盡快吃完。

2 回溫、加熱方式

鄉村麵包基本上都是放在常溫下自然解凍就可以了。

如果真的急著要吃,可以先微波加熱幾秒(視麵包大小而定),再放室溫自然解凍。

加熱時先輕輕噴點水,再放入烤箱或烤麵包機加熱。

3 完美切法

如果是外皮較硬、裡頭包比較多果乾或堅果類的鄉村麵包,切時要特別注意小心。

先從較硬的外皮下刀,確實按住麵包不要動,直接切下去。由於麵包表皮比較硬,一般刀子會比麵包刀要來得好切。

※本書食譜中鄉村麵包的每片大小為寬約6公分×長約10~12公分的一般切片,
　如果是加了果乾的麵包則會再更小一點。

加了黑啤酒燉煮的醬汁更香醇，
搭配麥香十足的鄉村麵包尤其適合。

黑麥啤酒燉豬肉搭配鄉村麵包

其他適合的麵包｛棍子麵包｝

材料　方便製作的份量	
◆ 鄉村麵包	適量
◆ 法式芥末醬（或芥末籽醬）	適量
◆ 豬肩里肌（一大塊）	約400克
◆ 鹽	1/2小匙
◆ 洋蔥	1顆
◆ 紅蘿蔔	1小根
◆ 番茄	2顆
◆ 鴻喜菇	1包
◆ 舞菇	1包
◆ 大蒜	1瓣
◆ 蜂蜜	1大匙
◆ 黑啤酒	250ml
◆ 水	2杯
◆ 麵粉	2大匙
◆ 鹽	少許
◆ 沙拉油	少許

做法

1　豬肉切成4公分塊狀，撒上1/2小匙的鹽。洋蔥切成寬1公分，紅蘿蔔切成3公分長條。番茄切6等份，菇類剝成大朵。

2　在豬肉表面撒上適量麵粉（材料份量內）。鍋子倒入沙拉油，以大火加熱，將豬肉表面煎到上色。接著淋上蜂蜜，邊煎邊留意不要燒焦。加入洋蔥稍微拌炒一下，再加入番茄。

3　剩下的麵粉撒入鍋中。待麵粉吃進食材裡，倒入黑啤酒和300ml的水。撈除表面浮沫，加入紅蘿蔔和壓碎的大蒜。

4　以小火燉煮約1小時（不時攪拌避免黏底），最後加入菇類，以鹽調味。

5　鄉村麵包烤熱，抹上芥末醬，搭配步驟4的醬汁一起吃。

＊吃的時候也把鄉村麵包當成燉料，用刀叉來吃。

以鄉村麵包來變化做出這道加了洋蔥的法式披薩，搭配白酒，用刀叉來吃，營造咖啡館輕食氣氛。

香煎旗魚火餤薄餅

其他適合的麵包 { 棍子麵包 }

材料　2人份

◆ 鄉村麵包	2片
◆ 橄欖油	適量
◆ 旗魚	2片
◆ 鹽	少許
◆ 洋蔥	1/2顆
◆ 鹽、胡椒	少許
◆ 橄欖油	少許
◆ 新鮮百里香（可有可無）	適量

番茄醬汁（方便製作的份量）

◇ 水煮番茄（罐頭）	1罐（400克）
◇ 洋蔥	1顆
◇ 大蒜	1瓣
◇ 蜂蜜	少許
◇ 橄欖油	少許
◇ 鹽	少許
◇ 百里香	適量
（可有可無，乾燥或新鮮的都可以）	

做法

1　製作番茄醬汁。洋蔥切薄片，大蒜切末，以橄欖油一起至變軟後，加入水煮番茄熬煮並不時攪拌。邊試味道邊以鹽、蜂蜜、百里香（可有可無）調味。

2　旗魚表面撒點鹽，靜置約5分鐘後擦乾水分，用橄欖油煎至兩面上色。洋蔥切薄片，以橄欖油快速拌炒，撒點鹽和胡椒。

3　鄉村麵包稍微烤過抹上適量橄欖油，再依序擺上炒洋蔥和旗魚，然後淋上番茄醬汁。最後放上百里香。

＊太乾的麵包只要擺上食材就會變得濕潤好入口。

連魷魚的內臟也一起下去煮，味道更濃郁，麵包吸飽醬汁的甜味，是道非常下酒的料理。

義式炒魷魚和鄉村麵包

其他適合的麵包 { 棍子麵包 }

材料　2人份

◆ 鄉村麵包	1片
◆ 魷魚	1隻
◆ 洋蔥	1顆
◆ 大蒜	1瓣
◆ 巴西里	1把
◆ 白酒	50ml
◆ 鹽、黑胡椒	少許
◆ 橄欖油	少許

做法

1　洋蔥切薄片，大蒜和巴西里切末。鄉村麵包切成2公分塊狀，以平底鍋乾煎備用。

2　魷魚的內臟和觸腳拔除，身體切成輪狀，觸腳以約2～3隻腳分切。切除頭部，內臟切成3等份。

3　大蒜用橄欖油小火拌炒，炒香後轉大火，加入洋蔥一起炒。

4　加入步驟2的魷魚，內臟邊搗碎邊炒（下圖）。淋上白酒，加入鄉村麵包後蓋上鍋蓋燜煮約3分鐘。最後以鹽和黑胡椒調味，撒上大量巴西里末。

搗碎內臟再稍微拌炒一下，
香氣就會變得更濃郁。

香氣十足的雞肝與酥脆的麵包最搭配，
滿滿的生菜加了核桃，吃起來更香。

雞肝生菜鄉村麵包沙拉

其他適合的麵包｛棍子麵包｝｛貝果｝

材料　2人份

♦ 鄉村麵包（最好用有堅果內餡）1片
♦ 橄欖油　　　　　　　　　　適量

♦ 雞肝　　　　　　　　　　　150克
♦ 菠菜（做沙拉用）　　　　　適量
♦ 芝麻葉　　　　　　　　　　適量
♦ 西洋菜　　　　　　　　　　適量
♦ 巴薩米克醋　　　　　　　　1大匙
♦ 醬油　　　　　　　　　　　1小匙
♦ 橄欖油　　　　　　　　　　適量
♦ 核桃　　　　　　　　　　　適量
（以150℃烤10分鐘後敲碎）

做法

1　菠菜、芝麻葉和西洋菜泡冷水增加脆度，撕成方便入口的大小。鄉村麵包切成2公分塊狀，用橄欖油
　　炒過備用。

2　雞肝泡冷水約30分鐘，切成適當大小，擦乾水分。鍋子以大火熱鍋，倒入橄欖油加熱，放入雞肝後
　　先不要動，等到表面上色再加入巴薩米克醋和醬油，轉小火邊炒邊讓雞肝均勻裹上醬汁（如果快燒
　　焦就加1～2大匙的水，最後保留煮汁作為淋醬用）。

3　煮汁加橄欖油調成淋醬。

4　步驟1和步驟2盛盤，淋上淋醬，撒上核桃。

最適合炎熱天氣的濃湯，
口味清爽，當早餐也可以。

西班牙式秋葵冷湯

其他適合的麵包〔棍子麵包〕〔土司〕

材料　2人份

◆ 鄉村麵包	1小片（約20克）
◆ 秋葵	6根
◆ 洋蔥	1/4小顆
◆ 優格	50克
◆ 水	100ml
◆ 檸檬汁	1大匙
◆ 鹽	適量
◆ 橄欖油	適量

做法

1　秋葵以鹽水快速汆燙。切四片最後裝飾用。

2　剩下的秋葵和其他所有材料全部放入調理機裡攪拌，加鹽調味。

3　打好的食材倒入容器中，放上裝飾用的秋葵，淋上橄欖油。

用鄉村麵包取代塔皮的反烤蘋果塔，
酸酸甜甜、柔軟滑順的蘋果美味滿分。

反烤蘋果塔

其他適合的麵包｛棍子麵包｝

材料　4個布丁模份量

◆ 鄉村麵包	4片
（7公分大／適合布丁模尺寸）	

蛋液

◇ 蛋	1顆
◇ 鮮奶油	30ml
◇ 砂糖	30克

糖煮蘋果

◇ 蘋果（蜜富士或紅龍蘋果等）	中型2顆
◇ 砂糖	30克
◇ 檸檬汁	1大匙
◆ 融化的奶油	適量

做法

1 烤模裡塗上奶油（材料份量外），底部鋪上一層烘焙紙。每個烤模分別放入1/2小匙的砂糖（材料份量外）。

2 製作蛋液。1顆蛋在大碗裡打勻，加入30克砂糖和鮮奶油攪拌均勻。鄉村麵包放入蛋液裡浸泡備用。

3 製作糖煮蘋果。蘋果洗淨後連皮切成4等份，厚約0.5～0.6公分。放入耐熱容器，加入30克砂糖和檸檬汁，封上保鮮膜微波加熱3分鐘，再拿掉保鮮膜微波加熱10分鐘以去除水分。

4 步驟3的蘋果緊緊塞進步驟1的烤模裡，再放上步驟2的鄉村麵包（下圖），表面刷上融化的奶油。

5 放入烤箱以180℃烤約10分鐘，稍微放涼就可脫模。

＊可以趁熱搭配冰淇淋一起吃。

將比烤模稍大的麵包緊緊塞進模具裡。

豐富的水果沙拉加上乳酪和麵包，
是一道適合宴客的華麗餐點。

鄉村麵包水果沙拉

其他適合的麵包 {棍子麵包}

材料　2人份

- 鄉村麵包（最好用有包果乾的）　1片
- 奶油　　　　　　　　　　　　　適量

- 菊苣　　　　　　　　　　　　1顆
- 西洋芹　　　　　　　　　　　1/2根
- 柳橙　　　　　　　　　　　　1顆
- 無花果乾　　　　　　　　　　2大顆
- 藍莓乾　　　　　　　　　　　3～4顆
- 卡蒙貝爾乳酪　　1/2個（約60克）
- 薄荷葉（可有可無）　　　　　適量

水果淋醬

- 柳橙汁　　　　　　　　　　　1～2大匙
- 橄欖油　　　　　　　　　　　1大匙
- 鹽　　　　　　　　　　　　　1/2小匙

做法

1　鄉村麵包切成1～2公分塊狀，以奶油炒到酥脆備用。

2　柳橙削皮，去除白色果膜，取出果肉（這時流出的果汁取出1～2大匙作為淋醬使用）。水果乾以熱水泡軟，無花果縱切成4～6等份，藍莓切對半。菊苣縱分成2～3等份，西洋芹切斜薄片，卡蒙貝爾乳酪切成適當大小。

3　水果淋醬的所有材料混合調勻。

4　容器裡放入生菜、水果和乳酪，撒上鄉村麵包，淋上步驟3的淋醬。最後再撒點薄荷葉。

冰淇淋裡加了麵包，味道更香醇，
一定要試試用加了大量果乾的麵包來做！

麵包冰淇淋

材料　2人份

♦ 鄉村麵包（含果乾）*1　　　　60克

♦ 牛奶　　　　　　　　　　　　0ml
♦ 鮮奶油　　　　　　　　　　150ml
♦ 蔗糖*2　　　　　　　　　　　30克
♦ 蛋黃　　　　　　　　　　　　1顆

♦ 蛋白　　　　　　　　　　　　1顆
♦ 蔗糖　　　　　　　　　　　　20克

*1 用包了大量果乾的甜麵包來做會更好吃。
*2 如果使用的麵包果乾含量比上圖來得少，味
　道會比較不甜，蔗糖用量要再增加約10克。

做法

1　　鄉村麵包切成小塊，放入牛奶中泡軟。

2　　步驟1和鮮奶油、30克蔗糖放入鍋中，以小火煮到濃稠（用叉子邊壓邊煮）。熄火後加入
　　　蛋黃，馬上用打蛋器混合攪拌。接著開小火邊加熱邊攪拌1～2分鐘，放涼備用。

3　　蛋白加入20克蔗糖，確實打發。

4　　步驟2和步驟3混合，放入冷凍庫。1～2小時後取出攪拌均勻，再放回繼續冷凍。

最適合以硬掉的麵包來製作的一道甜點，
有著紅酒風味與杏仁香氣，是成熟的大人口味。

炸杏仁紅酒麵包

材料　2人份

♦ 鄉村麵包　　　　　　3公分塊狀×6塊
（最好用有包果乾的）

糖漿
◇ 紅酒　　　　　　　　50ml
◇ 水　　　　　　　　　1大匙
◇ 蔗糖　　　　　　　　20克

♦ 麵粉　　　　　　　　適量
♦ 蛋液　　　　　　　　適量
♦ 杏仁碎　　　　　　　適量
♦ 炸油（沙拉油）　　　適量

做法

1　糖漿的所有材料混合，微波加熱約1分半融化後拌勻。

2　鄉村麵包放入步驟1的糖漿中約30秒，取出後撒上麵粉，裹上蛋液和滿滿的杏仁碎。

3　炸油熱油至高溫180℃，將步驟2的麵包炸至酥脆。

口感濕潤有彈性，讓人一吃上癮，
也可以搭配喜歡的堅果或水果一起吃。

鬆餅

材料　直徑7～8公分圓形×6片

◆ 鄉村麵包　　　　　　　　100克
（可以用有果乾或堅果內餡的）

◆ 牛奶　　　　　　　　60～70ml
◆ 蛋液　　　　　　　　　　1顆
◆ 泡打粉　　　　　　　　　1小匙
◆ 楓糖（也可用蜂蜜）　　　2大匙
◆ 沙拉油　　　　　　　　　少許

◆ 酸奶油（依個人喜好）　　適量
◆ 楓糖（依個人喜好）　　　適量

做法

1　牛奶、蛋液、泡打粉、楓糖混合
　　拌勻，放入撕碎的鄉村麵包浸泡
　　備用（a）。待麵包完全吸飽蛋液
　　後放入食物調理機攪拌（b）。

2　平底鍋以大火熱鍋，倒入沙拉
　　油，將步驟1以每2大匙一塊分別
　　倒入鍋中，轉小火，將麵團整成
　　圓形。待表面上色後翻面繼續
　　煎，直到兩面呈金黃色。

3　盛盤，依喜好搭配酸奶油和楓糖
　　一起吃。

　＊牛奶添加的份量請依據麵包種類（內餡）不
　　同做調整。製作祕訣在於麵團硬度要在可以
　　用手捏成團的狀態，因此加入牛奶時可以試
　　情況少量分次慢慢加入。

a

麵包要浸泡到整個膨脹為止。

b

麵團要攪拌到完全沒有顆粒。

part 4
Brioche · Butter roll
布里歐許 · 奶油餐包

布里歐許和奶油餐包的美味吃法

1 保存方法

布里歐許和奶油餐包的蛋、糖和奶油含量較高，因此老化得較慢，柔軟度可以保持得比較久。不過由於奶油較多，油脂容易氧化而味道變得不好，這也是這類麵包的特色之一，因此1～2天內吃不完的可以先冷凍起來。冷凍時每一個分別用保鮮膜包好，放入密封袋中再冷凍。最好1～2週內吃完。

2 回溫、加熱方式

鬆鬆軟軟的布里歐許等麵包，解凍也不需要花上太多時間，常溫下約15分鐘就能自然解凍了。

如果真的急著要吃，先微波加熱約10秒再常溫解凍即可。如果要做成三明治，可以先將內餡夾好一起放冷凍，取出後就能直接作為便當帶著走。

3 完美切法

布里歐許和奶油餐包的奶油含量較多，就算不用專門的麵包刀來切也沒問題，一般的刀子比較好切。

加了黑胡椒提味、鹹鹹甜甜的蘋果雞肝抹醬，
或是加了自製美乃滋的蟹肉沙拉，搭配甜麵包一起吃最適合。

蘋果雞肝開放三明治
蟹肉沙拉開放三明治

其他適合的麵包 ｛土司｝｛棍子麵包｝

材料　方便製作的份量

A　蘋果雞肝開放三明治

◇ 奶油餐包　　　　　　　　　　　　　適量
◇ 奶油　　　　　　　　　　　　　　　適量

◆ 烤雞肝　　　　　　　　　3串（約100克）
◆ 蘋果　　　　　　　　　　中型1/2顆
◆ 奶油　　　　　　　　　　20克
◆ 鮮奶油　　　　　　　　　1～2大匙
◆ 黑胡椒　　　　　　　　　適量
◆ 核桃（以150℃烤後壓碎）　適量

B　蟹肉沙拉開放三明治

◇ 奶油餐包　　　　　　　　　　　　　適量
◇ 自製美乃滋*　　　　適量（也可用市售成品）

◆ 蟹肉（罐頭）　　　　　　1小罐（55克）
◆ 小黃瓜　　　　　　　　　1根
◆ 鹽　　　　　　　　　　　少許
◆ 自製美乃滋*　　2～3大匙（也可用市售成品）
◆ 黑胡椒　　　　　　　　　少許

＊　自製美乃滋（方便製作的份量）

◇ 蛋黃　　　　　　　　　　1顆
◇ 法式芥末醬　　　　　　　1大匙
◇ 米醋　　　　　　　　　　1大匙
◇ 太白麻油　120克（約150ml，也可用沙拉油）
　（譯註：以未經烘焙的芝麻下去榨的油，透明無色，沒有麻
　　　　油特有的香氣，可作為一般油品使用）
◇ 鹽、蜂蜜　　　　　　　　少許

做法

A

1　蘋果削皮後切成適當大小，放入耐熱容器中，包上保鮮膜微波加熱5分鐘，放涼。

2　烤雞肝從竹串上取下，和步驟1的蘋果（留一些最後裝飾用）、軟化的奶油20克、鮮奶油一起放進食物調理機裡攪拌。再撒入大量黑胡椒，拌入核桃碎粒。

3　奶油餐包對半切，抹上適量奶油，擺上步驟2，再將步驟1剩下的裝飾用蘋果放在最上面。

B

1　製作美乃滋。蛋黃、法式芥末醬和米醋以打蛋器攪拌混合均勻，接著少量分次加入太白麻油，繼續攪拌到稠狀。邊試味道邊以蜂蜜調味。

2　小黃瓜對半縱切後再切斜片，撒鹽靜置5分鐘後擰乾水分，和蟹肉混合，用步驟1的美乃滋拌勻。

3　奶油餐包對半縱切，適量抹上步驟1的美乃滋，放上步驟2的沙拉，最後撒點黑胡椒。

只能用柔軟的麵包才能做出如此濕潤的口感，
濃郁的酪梨多了芝麻提味。

酪梨蘿蔔嬰麵包沙拉

其他適合的麵包〔土司〕

材料　2人份

◆ 奶油餐包　　　　　　　　1個

◆ 酪梨　　　　　　　　　　1顆
◆ 蘿蔔嬰　　　　　　　　　1包
◆ 美乃滋　　　　　　　　　2大匙
◆ 研磨白芝麻　　　　　　　1大匙
◆ 檸檬汁　　　　　　　　　1大匙

做法

1　　奶油餐包撕成1公分塊狀。

2　　酪梨對切，去籽削皮後，切成1公分塊狀。蘿蔔嬰去除根部對半切成長段。

3　　步驟2的酪梨放入大碗中，加入美乃滋、研磨白芝麻和檸檬汁混合拌勻，再加入步驟1的奶油餐包和
　　　步驟2的蘿蔔嬰，一起拌勻即可。

奶油乳酪搭配水果的小小華麗甜點，
製作重點在於花時間慢慢讓麵包完全吸附蛋液。

奶油乳酪法式土司

材料　2人份

◆ 布里歐許　　　　　　　　　2個

蛋液

◇ 蛋　　　　　　　　　　　　1顆
◇ 牛奶　　　　　　　　　　70ml
◇ 楓糖　　　　　　　　　　30克
◇ 櫻桃酒　　　　　　　　　2小匙

◆ 草莓　　　　　　　　　5～6顆
◆ 馬斯卡彭乳酪　　　　　　30克
◆ 砂糖　　　　　　　　　　10克
◆ 糖粉（可有可無）　　　　適量

做法

1　製作蛋液。所有材料混合，充分
　　攪拌均勻後過濾。

2　布里歐許上下對切，浸泡在步驟
　　1的蛋液裡3小時以上（下圖）。

3　烤盤鋪上烘焙紙，放上步驟2的
　　布里歐許，送入烤箱以160℃烤
　　約15分鐘，放涼。

4　馬斯卡彭乳酪和砂糖混合做成奶
　　油，草莓切除蒂頭，縱切成4等
　　份。

5　步驟3的布里歐許的下半部抹上
　　步驟4的奶油，放上草莓，再將
　　上半部的布里歐許放上去，盛
　　盤，最後撒點糖粉。

上下兩塊麵包分開浸泡，
比較容易吸飽蛋液。

有著鬆軟口感的日式點心，
麵包的鹹味搭配黑糖，吃起來鹹鹹甜甜的。

黑糖慕斯

其他適合的麵包 { 奶油餐包 }

材料　4～5個

◆ 布里歐許	1小個
◆ 牛奶	150ml
◆ 鮮奶油	100ml
◆ 黑糖	30克
◆ 蛋黃	1顆
◆ 吉利丁粉	5克
◆ 水	2大匙
◆ 蛋白	1顆
◆ 黑糖	20克
◆ 甘納豆	4～5顆

做法

1　吉利丁粉用水泡開備用。

2　布里歐許撕成適當大小，浸泡在牛奶和鮮奶油混合液中，以小火加熱。加入30克黑糖，
　　待黑糖融解後將泡開的吉利丁粉也加進去，接著倒入食物調理機裡攪拌。攪拌完再將所
　　有食材倒回鍋中，加入蛋黃，以小火邊攪拌邊加熱1～2分鐘，移開火源放涼。

3　蛋白加入20克黑糖打發至硬性發泡，再加入步驟2輕輕拌勻。盛入玻璃杯中放進冰箱冷
　　藏凝固，最後再放上甘納豆。

基本法式甜點結合了栗子奶油，
美味的重點在於以蘭姆酒提味。

蒙布朗風薩瓦蘭蛋糕

材料　2人份

◆ 布里歐許	2小個

糖漿

◇ 水	30ml
◇ 砂糖	20克
◇ 蘭姆酒	1又1/2大匙

◆ 栗子醬（或栗子罐頭）	70克
◆ 奶油	20克
◆ 鮮奶油	50ml

◆ 糖漬栗子	2顆

做法

1　糖漿的所有材料混合，微波加熱約1分鐘融解拌勻。將每個布里歐許切掉上面1/4的部分，刷上大量糖漿，讓糖漿吸進麵包中。

2　鮮奶油打發至7分。奶油放軟後加入栗子醬混合，再加入打發的鮮奶油輕輕拌勻。

3　步驟1的布里歐許下半部中間稍微挖空，緊緊填入步驟2的奶油，再放上糖漬栗子，最後蓋上上半部麵包。

part 5
Bagel · Croissant
貝果 · 可頌

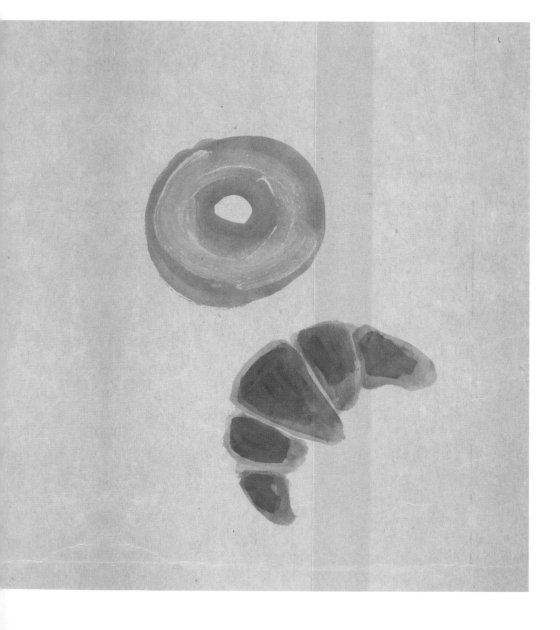

貝果和可頌的美味吃法

1 保存方法

口感原本就比較硬的貝果，常溫下放置2天都沒問題（當然還是盡早吃完比較好）。如果要冷凍，每個先分別用保鮮膜包好，放入密封袋再冷凍。

可頌就算放在常溫下，要吃的時候以烤麵包機稍微加熱，2天內都還能保留美味。

冷凍時每個先分別用保鮮膜包好，放入密封袋中再冷凍，並在2週內盡早吃完。

2 回溫、加熱方式

冷凍貝果最好的回溫方式是自然解凍，如果是較大的貝果，解凍時間會較久，如果等不及，可以直接包著保鮮膜微波加熱30～40秒，視狀況加減微波時間（注意不要加熱到麵包整個變軟了）。以手指按壓中間，感覺已經稍微解凍了，再噴點水，以鋁箔紙包起來，放入烤箱或烤麵包機加熱，最後再拿掉鋁箔紙稍微烤一下，讓貝果表面變酥脆。

可頌依大小不同，放室溫約5～10分鐘就能自然解凍。吃的時候再以烤麵包機加熱，就能恢復到剛出爐時的美味。

3 完美切法

貝果橫切時必須特別注意，如果要做成三明治，要先用刀子沿著貝果劃一圈，再順著刀紋慢慢切開。或者不要太勉強，比較安全的做法是先切成2等份，變成半圓形之後再切片。

吃剩麵包最好的利用方法就是把它烤得脆脆的！
可以搭配沙拉或放進湯裡一起吃，用途非常廣。

貝果片

其他適合的麵包 ｛棍子麵包｝ ｛土司｝ ｛鄉村麵包｝

材料　方便製作的份量

- ◆ 喜歡的貝果口味　　　　　　　　適量
- ◆ 橄欖油　　　　　　　　　　　　適量

- ◆ 乾燥香草（依個人喜好）　　　　適量
- ◆ 岩鹽（依個人喜好）　　　　　　適量

做法

1　貝果盡可能橫切成薄片（整個橫切比較難，也可以先對半切之後再切片）。

2　烤盤鋪上烘焙紙，放上貝果片，刷上橄欖油。

3　依喜好撒上乾燥香草和岩鹽，以120℃烤到酥脆。

＊可以直接當點心吃，也可以取代蘇打餅加進湯品或沙拉裡，或是取代蘇打餅來使用。

＊烤的時候也可以不刷橄欖油，依喜好改刷上奶油也很好吃。或是改用大蒜奶油醬、檸檬皮磨碎加入奶油等各種風味奶油裡。

杏仁奶油和堅果的味道非常香，
可愛的造型也很適合當禮物。

貝果巴斯塔克

其他適合的麵包 ｛土司（2等份）｝｛布里歐許（厚片）｝

材料　4個

◆ 喜歡的貝果口味　　　　　　2個

杏仁奶油

◇ 杏仁粉　　　　　　　　　40克
◇ 奶油　　　　　　　　　　40克
◇ 砂糖　　　　　　　　　　30克

糖漿

◇ 水　　　　　　　　　　　1大匙
◇ 砂糖　　　　　　　　　　1大匙

◆ 胡桃（或是杏仁）　　　　適量

做法

1　製作杏仁奶油。奶油放至軟化後加入砂糖攪拌混合，再加入杏仁粉拌勻。

2　糖漿的所有材料混合，微波加熱50～60秒融解後拌勻。

3　貝果對半橫切，切面抹上步驟2的糖漿，再抹上步驟1的杏仁奶油，放上胡桃。

4　放入烤箱以180℃烤10分鐘即可。

以乾掉的貝果來做燕麥果乾最適合了！
加入大量水果，吃起來更健康。

燕麥果乾

其他適合的麵包 ｛棍子麵包｝ ｛鄉村麵包｝

材料　方便製作的份量

◆ 喜歡的貝果口味　　　　　　1個

◆ 燕麥片　　　　　　　　　　50克
◆ 杏仁（整顆）　　　　　　　50克
◆ 無花果　　　　　　　　　　50克
◆ 葡萄乾　　　　　　　　　　30克
◆ 蛋白　　　　　　　　　　　1顆
◆ 蔗糖　　　　　　　　　　　30克
◆ 太白麻油（或沙拉油）　　2大匙
◆ 蜂蜜　　　　　1/2大匙（10克）

做法

1　貝果切成1公分塊狀，放進烤箱以150℃烤約15分鐘，直到變酥脆。燕麥片也一起放進去乾烤，等到剩10分鐘時將杏仁也放進去烤。烤好的杏仁一半留起來，另一半對半縱切。無花果和葡萄乾泡過熱水備用，無花果切成4等份。

2　蛋白和蔗糖混合稍微打發。

3　步驟1的貝果、燕麥片、杏仁、無花果和葡萄乾混合拌勻，再加入步驟2的蛋白霜、太白麻油和蜂蜜拌勻。烤盤鋪上烘焙紙，將所有食材鋪在上面，以120℃烤約1～2小時，直到變脆為止。

4　稍微放涼後就能放入密封容器（如果有乾燥劑也一起放入容器中，可以保持酥脆的口感）。

＊步驟1的貝果盡可能烤乾，最後整個烘烤時會更快變脆（用乾掉的貝果來做最適合）。

＊做好後要在味道變差之前盡快吃完。

將可頌當作派皮使用，
以鰻魚和鮮奶油讓味道變得更加濃郁有深度。

可頌鰻魚奶油派

材料　2人份

♦ 可頌　　　　　　　　　　　　2個

♦ 油漬鰻魚　　　　　　　　　　2片
♦ 花椰菜　　　　　　　　　　1/4顆
♦ 牛奶　　　　　　　　　　　50ml
♦ 鮮奶油　　　　　　　　　　100ml
♦ 橄欖油　　　　　　　　　1/2大匙

做法

1　將可頌從一端捲開（下圖），鋪在耐熱容器中，放入烤箱以120℃烤約10分鐘直到酥脆。花椰菜分成小株，切成厚度0.2～0.3公分的薄片。

2　以小火加熱鰻魚和橄欖油，接著加入花椰菜拌勻，再加入牛奶和鮮奶油。煮到煮汁剩下一半時，倒入步驟1的容器中，放入烤箱以180℃烤約5分鐘。

＊也可以用小可頌做成一口點心（小可頌分成4等份）。

從中間最尾端的地方開始撥開。

有著清爽味道的一口派，可以同時吃到鬆軟的蛋白霜和可頌的酥脆口感！

檸檬蛋白派

材料　6個

◆ 小可頌　　　　　3個

檸檬奶油

◇ 蛋黃　　　　　1顆
◇ 砂糖　　　　　25克
◇ 玉米粉　　　　1/2小匙
◇ 白酒　　　　　20ml
◇ 檸檬汁　　　　20ml

蛋白霜

◇ 蛋白　　　　　1顆
◇ 砂糖　　　　　30克

做法

1　可頌對半橫切，以120℃烤箱烤約5分鐘。

2　製作檸檬奶油。鍋子裡放入蛋黃、砂糖和玉米粉，以打蛋器攪拌均勻。再加入白酒和檸檬汁混合，邊攪拌邊以小火加熱，等到變濃稠時立刻熄火，放涼備用。

3　製作蛋白霜。砂糖分兩次加入蛋白中打發，打至硬性發泡。

4　在步驟1的可頌上抹上步驟2的檸檬奶油，再放上步驟3的蛋白霜，整個放入烤麵包機中稍微烤到蛋白霜上色即可（若用烤箱則是160℃烤3～4分鐘）。

＊一定要趁剛烤好酥酥脆脆時趕快吃。

酥脆的口感和香氣好吃得讓人停不下來，麵包的鹹味更凸顯了焦糖的甜度。

杏仁脆餅

材料　4個

◆ 可頌　　　　　　2個

◆ 杏仁（整顆）　　30克
◆ 砂糖　　　　　　80克
◆ 水　　　　　　　2大匙

做法

1　杏仁以150℃烤箱乾烤10分鐘，烤好後再對半縱切。可頌切成1～2公分塊狀，以120℃烤箱烤約5分鐘。

2　鍋子裡放入砂糖、水1大匙（材料份量外）、步驟1的杏仁，以中火加熱至整個變成茶褐色（a）。再加入材料份量內的水，輕輕搖動鍋子後，立刻放入步驟1的可頌並搖動鍋子（如果用湯匙等來混合，焦糖會黏在湯匙上，因此以搖動鍋子的方式來進行）。

3　所有食材分成4份放在烘焙紙上，用濕的湯匙調整形狀（b）。

4　直接靜置等到變硬就能吃了。如果沒有變硬，改以120℃烤箱烤到乾燥即可。

＊可頌本身有鹹度，因此做起來很像焦糖奶油酥（kouign-amann）。

煮到糖水變成深褐色，表面開始冒泡沸騰。

用湯匙整形時速度要快，太慢焦糖會黏在湯匙上。

三餐·點心·便當·下酒菜食譜索引

棍子麵包

① p.14　② p.16　③ p.18　④ p.19　⑤ p.20　⑥ p.22　⑦ p.24　⑧ p.25

土司

⑨ p.26　⑩ p.28　⑪ p.29　⑫ p.30　⑬ p.31　⑭ p.34　⑮ p.36　⑯ p.38

⑰ p.40　⑱ p.41　⑲ p.42　⑳ p.43　㉑ p.44　㉒ p.46　㉓ p.47

鄉村麵包

㉔ p.48　㉕ p.49　㉖ p.52　㉗ p.54　㉘ p.55　㉙ p.56　㉚ p.57　㉛ p.58

布里歐許・奶油餐包

㉜ p.60　㉝ p.61　㉞ p.62　㉟ p.63　㊱ p.64　㊲ p.68　㊳ p.69

貝果・可頌

㊴ p.70　㊵ p.71　㊶ p.74　㊷ p.76　㊸ p.77　㊹ p.78　㊺ p.80　㊻ p.81

感謝您購買 **麵包大變身：三餐＋點心，還有便當和下酒菜！**
51個讓普通麵包再利用變好料的美味魔法

為了提供您更多的讀書樂趣，請費心填妥下列資料，直接郵遞（免貼郵票），即可成為奇光的會員，享有定期書訊與優惠禮遇。

姓名：＿＿＿＿＿＿＿＿＿＿　身分證字號：＿＿＿＿＿＿＿＿＿＿

性別：□女　□男　生日：

學歷：□國中（含以下）　□高中職　　□大專　　　□研究所以上

職業：□生產\製造　□金融\商業　□傳播\廣告　□軍警\公務員

　　　□教育\文化　□旅遊\運輸　□醫療\保健　□仲介\服務

　　　□學生　　　□自由\家管　□其他

連絡地址：□□□ ＿＿＿＿＿＿＿＿＿＿＿＿＿＿＿＿＿＿＿

連絡電話：公（　）＿＿＿＿＿＿＿＿　宅（　）＿＿＿＿＿＿＿＿

E-mail：＿＿＿＿＿＿＿＿＿＿＿＿＿＿＿＿＿＿＿＿＿＿＿

■您從何處得知本書訊息？（可複選）

　□書店 □書評 □報紙 □廣播 □電視 □雜誌 □共和國書訊

　□直接郵件 □全球資訊網 □親友介紹 □其他

■您通常以何種方式購書？（可複選）

　□逛書店 □郵撥 □網路 □信用卡傳真 □其他

■您的閱讀習慣：

文　　學 □華文小說　□西洋文學　□日本文學　□古典　□當代

　　　　 □科幻奇幻　□恐怖靈異　□歷史傳記　□推理　□言情

非文學 □生態環保　□社會科學　□自然科學　□百科　□藝術

　　　　 □歷史人文　□生活風格　□民俗宗教　□哲學　□其他

■您對本書的評價（請填代號：1.非常滿意 2.滿意 3.尚可 4.待改進）

　書名＿＿ 封面設計＿＿ 版面編排＿＿ 印刷＿＿ 內容＿＿ 整體評價＿＿

■您對本書的建議：

電子信箱：lumieres@bookrep.com.tw

傳真：02-86671065

客服專線：0800-221029

Lumières
奇光出版

請沿虛線對折寄回

廣 告 回 函
板橋郵局登記證
板橋廣字第10號

信 函

231
新北市新店區民權路108-1號4樓

奇光出版　收